领读者书系

狭义与广义
相对论浅说

（少年轻读版）

李永乐◎著
猫先生漫画工作室◎绘

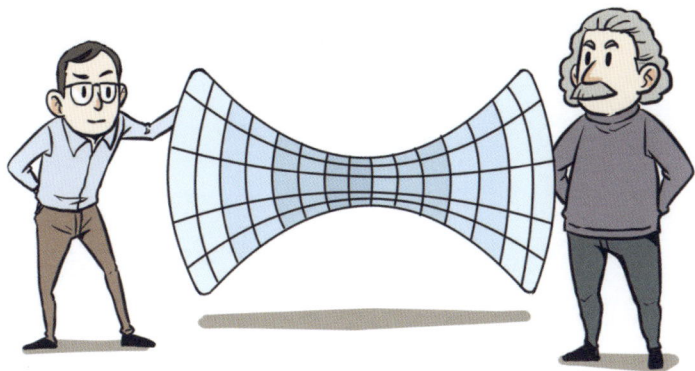

北京科学技术出版社
100层童书馆

图书在版编目（CIP）数据

狭义与广义相对论浅说：少年轻读版 / 李永乐著 ；
猫先生漫画工作室绘. -- 北京 ： 北京科学技术出版社,
2025. --（领读者书系）. -- ISBN 978-7-5714-4561-4

Ⅰ. O412.1-49

中国国家版本馆CIP数据核字第202514MA17号

策划编辑：刘婧文　张文军
责任编辑：刘婧文
营销编辑：何雅诗
图文制作：天露霖文化
责任印制：李　茗
出 版 人：曾庆宇
出版发行：北京科学技术出版社
社　　址：北京西直门南大街16号
邮政编码：100035
电　　话：0086-10-66135495（总编室）
　　　　　0086-10-66113227（发行部）
网　　址：www.bkydw.cn
印　　刷：雅迪云印（天津）科技有限公司
开　　本：889 mm × 1194 mm　1/32
字　　数：38千字
印　　张：3
版　　次：2025年6月第1版
印　　次：2025年6月第1次印刷
ISBN 978-7-5714-4561-4

定　　价：28.00元

北科读者俱乐部

目　录

我们居住的宇宙是无限的呢，抑或像球面宇宙那样是有限的呢？我们的经验远远不足以使我们能够回答这个问题，但是广义相对论能够使我们一定程度上确定地回答这个问题……

　　　　　　　　——阿尔伯特·爱因斯坦

　　　　　　（摘自《狭义与广义相对论浅说》）

一本关于相对论的书

大家好，我是李永乐老师。如果要介绍一本关于相对论的书，那就一定要说说爱因斯坦的《狭义与广义相对论浅说》。

从众多讲解相对论的书中特别选择这本，是因为爱因斯坦在该书前言中说，**这本书是为那些对相对论感兴趣、但又不太懂理论物理和数学的朋友写的。**

狭义与广义
相对论浅说

因此，就算我们不太懂理论物理和数学，也可以读懂《狭义与广义相对论浅说》，了解相对论的有趣之处。

大家应该听说过"相对论"这个词吧？

其实，**要完全读懂相对论真的很难**。

在 1919 年英国皇家学会和皇家天文学会的联合会议上，英国的天体物理学家亚瑟·爱丁顿宣布他测量出了星光的偏折角，结果和爱因斯坦 1915 年提出的广义相对论中的预测值是一致的！

据传，在会后，自认为是相对论专家的美国物理学家西尔伯施泰因与爱丁顿闲聊时说："爱丁顿教授，您应是世界上了解相对论的三个人之一。"看到爱丁顿迟疑着不知如何回答，西尔伯施泰因紧接着说："不要太谦虚了！"

结果，爱丁顿却说："不！我是在想第三个人是谁。"

他的意思是，世界上只有两个人懂相对论，那就是他自己和爱因斯坦。

这个世界上只有爱因斯坦和我懂相对论！

相对论

这个人是谁啊？

什么是相对论？

    在爱因斯坦刚刚提出相对论的时候，这个全新的理论在科学界引起一片哗然。很多科学家感到非常困惑，他们既不了解相对论到底是什么，也不相信爱因斯坦这个年轻人。毕竟那个时候爱因斯坦只有 26 岁。

    不过，随着时间的推移，后来的科学家用各种方法不断研究和发展相对论。到了今天，理解相对论的人已经非常多了。

    如果你也对相对论感兴趣，就让我们一起来了解一下这个有趣的科学理论吧！

要想了解相对论，我们需要先了解相对论的提出者——爱因斯坦。

阿尔伯特·爱因斯坦

阿尔伯特·爱因斯坦，这位被称作"世纪伟人"的伟大物理学家，于 1879 年出生在德国多瑙河畔的乌尔姆市。小时候的他说话很慢，这让**父母对他的学习能力十分担心**。

德国严格的教育体系让爱因斯坦感到很不舒服。他总是提出一些刁钻古怪的问题让老师难堪，也让校长非常头疼。1894 年，校长找到爱因斯坦，建议他退学。

爱因斯坦虽然感到震惊，但是转念一想，这样就再也不用去那个让自己感觉不舒服的学校了，于是他接受了校长的建议，离开了学校。

1895 年，爱因斯坦去往瑞士，参加了瑞士的高考，但没有考上，便在瑞士阿劳中学复读了一年。

阿劳中学的学习氛围比较轻松，这让爱因斯坦有了很多阅读课外书籍的机会。他可以随心所欲地思考那些在别人看来十分稀奇古怪的问题。比如他曾经提出这样一个问题：

如果一个人奔跑的速度跟光速一样快，那么他会看到什么情景？

在那个时候，没有人能回答这个问题；直到约十年后，爱因斯坦才终于自己找到了答案。

爱因斯坦后来回忆说，正是阿劳中学，培养了他的独立精神和创造精神。这些优秀的品质成了孕育相对论的精神土壤。

1896 年，爱因斯坦再次参加高考。他的数学和物理都考了 6 分，这可是**瑞士高考中的最高分**！[*] 于是，爱因斯坦以优异的成绩顺利进入了瑞士著名的苏黎世联邦理工学院。

但上了大学之后，爱因斯坦依然不太喜欢认真地、循规蹈矩地上课。他**经常逃课**，然后自己看一些课外书。

爱因斯坦的数学老师看到他这么不守规矩，非常愤怒，斥责他是一条"懒狗"。

---

* 爱因斯坦在第 2 次毕业考试中获得 6 分的学科共有 5 门，分别为历史、代数、几何、画法几何和物理，可见其数学和物理成绩十分优秀。

逃课的结果就是，全班一共有 6 名学生，爱因斯坦的成绩排倒数第二。留校的名额只有 4 个，自然就没有爱因斯坦的份儿，他只是勉强拿到了学位。

1901 年，爱因斯坦开始撰写博士论文，可是写了两次都没有通过。直到 1905 年，他才拿到博士学位。1900 年到 1905 年这段岁月，爱因斯坦没有博士学位，甚至开始时也没有稳定的工作，那段时间他的生活捉襟见肘，狼狈至极。

1902年，在同学父亲的帮助下，爱因斯坦在伯尔尼的瑞士专利局当了一名小职员。在这之前，为了贴补家用，他还四处做家教，教授数学和物理。他曾到处张贴小广告，也曾在当地报纸《伯尔尼城市报》上刊登广告：

阿尔伯特·爱因斯坦，私人授课，为大学生或者中小学生透彻讲解数学和物理，联邦理工科专业教师文凭，住在正义街 32 号一楼，试听免费。

索洛文是伯尔尼大学的学生。他虽然学的是哲学，但对物理很感兴趣，于是经常来听爱因斯坦的课。每次课程结束之后，两人都会对物理问题进行更加深入的讨论。

　　随后，在伯尔尼大学学习的哈比希特加入了他们，这几个年轻人组成了一个小团体。

　　他们常去一家叫奥林匹亚的咖啡馆聚会讨论，于是他们给自己的小团体起了个名字——奥林匹亚科学院。再之后，爱因斯坦的好友兼同事贝索也加入了进来。

他们会一起吃一点儿东西，然后读一些与物理、数学、哲学有关的书并进行讨论，每读一页就讨论一页。聚会几乎占据了他们所有的业余时间。

1905年5月的一天，他们又讨论起时间和空间的问题。这个时候贝索突然说：

"也许在一个人看来同时发生的事情，在另外一个人看来不是同时发生的。"

这句话像闪电一般惊醒了爱因斯坦，他终于明白了一件事——

无论是时间还是空间，它们都和运动紧密相关，不同运动状态下的物体所感受到的时空是不一样的！

大约五周之后，爱因斯坦就写成了一篇著名的论文——《论动体的电动力学》。当然，这篇论文论述的主题就是"狭义相对论"。

　　贝索在科学史上默默无闻，但在这篇划时代的论文的结尾，爱因斯坦唯独对贝索表示了感谢。据说，贝索激动地对爱因斯坦说："阿尔伯特，你把我拉进了历史！"

论动体的电动力学

感谢贝索

这一年，爱因斯坦连续发表了多篇论文，每一篇都是能获得诺贝尔奖的水平。他解释了光电效应，提出了光的波粒二象性，证实了原子的存在，提出了有关时间和空间的全新看法，提出了质能方程，等等。因此，1905 年也被称为"爱因斯坦奇迹年"。

　　人们难以想象，一个 26 岁的年轻人是如何获得这么多项成果的，就像人们不明白在1666 年，那个 23 岁的年轻人牛顿为什么能凭借坐在苹果树下的灵光一闪发现万有引力一样。

　　在 1905 年之后，爱因斯坦就逐渐受到了科学界的关注。

光的波粒
二象性

光电效应

原子的
存在

在中学时代，爱因斯坦是一个偏科严重又爱胡思乱想的学生；上了大学，他成绩平平，又经常逃课；毕业之后，他托关系才找了一份平凡的工作。

那么，爱因斯坦的成功到底来源于什么？

首先，爱因斯坦一直保持着热爱思考的习惯。其次，作为一名青年学者，他不用为自己大胆的猜想是否正确而产生心理压力。

比如 1900 年爱因斯坦发表了《从毛细现象得出的结论》，他在论文中提出的猜想大部分都被证明是错的。如果爱因斯坦在大学里教书，他可能因为这件事被嘲笑很久，但他并不在那种环境下，所以错误犯就犯了，对他没有丝毫影响。

最后，爱因斯坦受到了良好的教育，也经历了挫折，但他**没有被传统教育思想束缚，没有停止思考，也没有被挫折磨平棱角**，这也许是他能成功的部分原因吧。

相对论和欧氏几何

　　爱因斯坦究竟是如何提出相对论的？

　　这件事我们还得从《几何原本》说起。**在《狭义与广义相对论浅说》的开篇中，爱因斯坦就谈到了欧氏几何。**

　　公元前300年前后，古希腊数学家欧几里得写了一本书叫《几何原本》，他定义了点、线、面等概念，并且提出了5个公设，作为几何研究的前提和假设。这5个公设分别是：

1. 从任意一点到另任意一点可作一条直线。

2. 直线可以无限延长。

3. 以任意点为圆心、任意距离为半径，可以画一个圆。

4. 所有直角都相等。

5. 两条直线被第三条直线所截，如果同侧两内角和小于两个直角，则这两条直线延长后会在该侧相交。

以这些公设为基础，通过逻辑思考，欧几里得构建了一整座几何学的大厦——欧氏几何。

不过，欧式几何并非在任何情况下都适用。在某些情况下，我们还需要使用不同的几何学理论。比如，欧氏几何里有一个著名的结论：三角形内角和是180°。

平面

E=180°

E：三角形内角和

然而，这个结论有个前提情况：这个三角形要在平面之上。如果在一个双曲面上画三角形，我们会发现它的内角和小于180°，这个时候必须使用罗氏几何体系；如果在一个椭球面上画三角形，它的内角和则超过180°，这就需要使用黎曼几何体系。

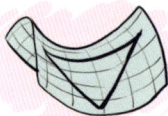

双曲面

E<180°

椭圆球面

E>180°

我们还会发现，无论是在双曲面上，还是在椭球面上，只要我们画的三角形足够小，适用的几何学理论又会回归到欧氏几何体系。

爱因斯坦之所以在开篇讲到欧氏几何，是因为他提出的狭义相对论和广义相对论与牛顿定律一样，都建立在假设的基础之上，只是他的思考比牛顿的更加深入。

在物体的速度远远小于光速、物体质量不大的时候，狭义相对论和广义相对论也会回归到牛顿定律。

爱因斯坦认为自己提出的相对论与牛顿定律的关系就像非欧几何体系与欧氏几何体系的关系。

相对论　　　　牛顿定律

速度远小于光速

质量不大

牛顿的绝对时空观

既然如此，我们就从物理学上的欧氏几何——牛顿假设说起。

1687年，牛顿出版了著作《自然哲学之数学原理》。他在书中写道：

"绝对的、真实的和数学的时间，由其特性决定自身均匀地流逝，与一切外在事物无关，又名延续；……绝对空间，其自身特性与一切外在事物无关，处处均匀，永不移动。" *

恒定流逝的时间、固定不变的空间，这就是

---

* 摘自《自然哲学之数学原理》，王克迪译，北京大学出版社，2006年出版。

牛顿的绝对时空假设。显然，大多数人也是这么认为的。

那么，我们能不能找到绝对的时空呢？

大家可以想象一下：

如果有一艘飞船在空无一物、广阔无垠的宇宙中平稳地飞行，那这艘飞船到底是静止的还是运动的？

如果是运动的，它的飞行速度该怎么确定呢？

很遗憾，如果没有参照物，那我们无法判断这艘飞船是否在运动；即便有了参照物，我们测出的速度也只是飞船相对于参照物的相对速度，而不是飞船在绝对时空里的绝对速度。

不动。

不过，无论能否找到绝对时空，牛顿都假设它是存在的。

如果一艘飞船的绝对速度是 v，我们在飞船内，相对于飞船以速度 u 做同向运动，那么我们的绝对速度就是 $v + u$。这种简单的加减关系叫作伽利略变换。

也就是说，牛顿和伽利略确信绝对时空的存在，不过在他们看来，并不一定非要找到它。绝对时空就好像神话中的造物主一般，适用于任何情况和任何概念。

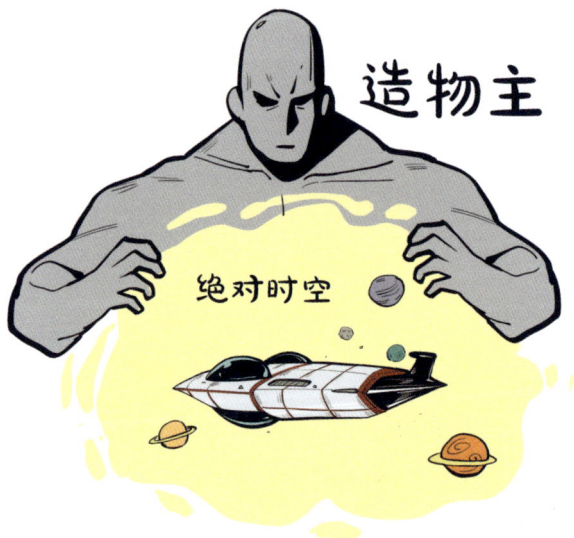

大约两百年后，一个叫麦克斯韦的人出现了，他让寻找绝对时空成了一个十分迫切的问题。

我们都知道，机械波是在介质中传播的，比如我们说话的声波是在空气中传播的。声波相对于空气的速度是 340 米 / 秒，如果，假设此时空气的运动速度是 100 米 / 秒，那么你顺风喊话时，声波的速度就会变成 440 米 / 秒。古人说的"顺风而呼，声非加疾也，而闻者彰"就是这个道理。

可是，麦克斯韦算出光速 c 是恒定的，约 30 万千米 / 秒，这个计算结果跟参考系没有任何关系。

那光速是相对于什么的速度呢？

看来，我们**必须给光找到一个介质**。

就像声波以空气为介质，可以得到声速。只要我们给光找到了介质，就可以说光的速度是相对于这个介质的。

古希腊哲学家亚里士多德认为，宇宙中有一种物质叫**以太**，看不见也摸不着。受到他的启发，19世纪的科学家猜想：也许以太就是光的介质。

如果以太真的是光的传播介质，那么它就应该作为一个绝对的参考系而存在。这样不仅光的问题解决了，就连绝对时空也找到了。

那么科学家们接下来的工作就是找到以太。只要找到了以太，就找到了牛顿预言的绝对时空。

但是，看不见又摸不着的以太要怎么寻找呢？

假设以太是向右运动的，速度是 v，在地球上发射一束向右的光，那么实际光速就是 $c+v$；如果改变光的方向，使其向左，实际光速就变成 $c-v$。

因此，如果以太真的存在，那么从地球上向不同方向发出的光，速度应该是不一样的！

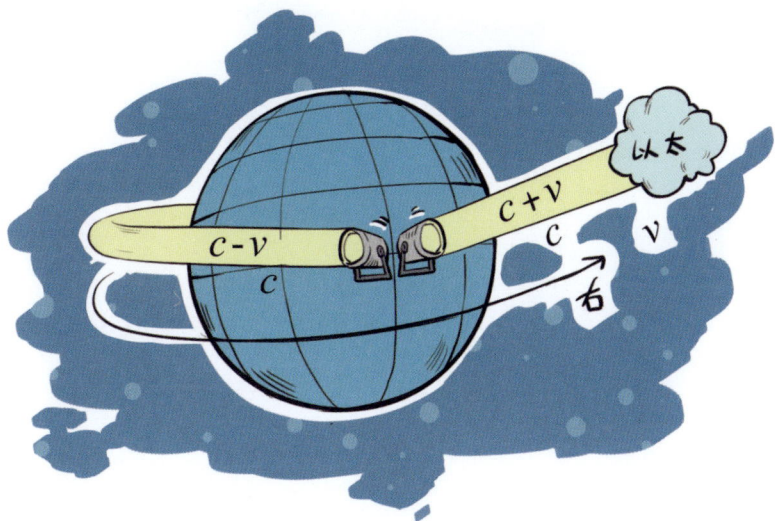

光源

反光镜M₁

半反半透镜

反光镜M₂

观测装置

　　1887年，迈克尔逊和莫雷做了一个实验。他们让一束光照到一面半反半透镜上，那束光通过这面半反半透镜后会分成两束，分别从两个相互垂直的方向照到两面反光镜上，再反射回来，最后通过半反半透镜投射到观测装置上。

按照科学家之前的假设，这两束光返回的时间应有差异，最后会叠加形成干涉条纹。如果将整个装置旋转 90°，两束光返回的时间差异会发生变化，干涉条纹也会随之移动。

这个实验的精确度非常高，哪怕两束光的传播时间相差很小，也能看到条纹的移动。遗憾的是，他们并没有发现任何干涉条纹移动的迹象，**以太相对于地球，似乎总是静止的**。

寻找以太的实验失败了……

光速似乎是恒定的。

各种寻找以太的实验都失败了。

也许，是时候提出新的假设了。

光速不变原理与狭义相对性原理

说到光速不变,我们就必须提一下庞加莱。

庞加莱被认为是高斯和黎曼之后世界上最伟大的数学家,他的很多工作对相对论的提出都产生了重要影响,甚至一度有人认为庞加莱才是相对论的创始人。

有人曾提出一个问题:如果 A 市有一个时钟,B 市也有一个时钟,我们怎样才能把这两个时钟的时间调齐呢?

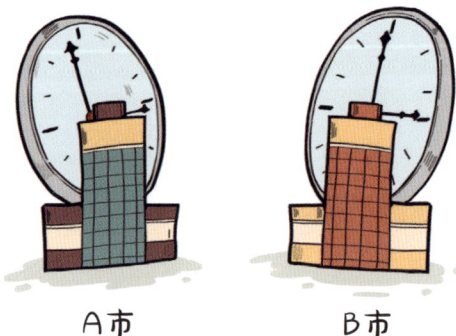

A市   B市

庞加莱认为,可以在两地之间的中点位置同时朝两地发射一束光,当光到达的时候,就把两地的时钟调到 12 点整。

不过,这需要一个前提,那就是朝两个地方发射的光的速度是一样的。

因此，庞加莱说，也许我们应该做出一个假设：光朝任何方向传播时，速度都是一样的。

　　爱因斯坦发展了庞加莱的理论，他提出：**光速在任何惯性参考系下都保持不变。**

　　这就是光速不变原理。

　　我们再想象一个场景。

　　假如有一列火车正向右行驶，火车的中间有一名侍者，在他的左右两侧距离相同的地方各有一名乘客。这时，侍者打开中间的灯，两名乘客一看到灯光亮起就开始用餐。那么，两名乘客开始用餐的时刻是一样的吗？

从**侍者的角度**来看，他与火车相对静止，两束光的速度是一样的，都是 30 万千米 / 秒，而他与两名乘客之间的距离又是一样的，所以**两人开始用餐的时刻应该是相同的**。

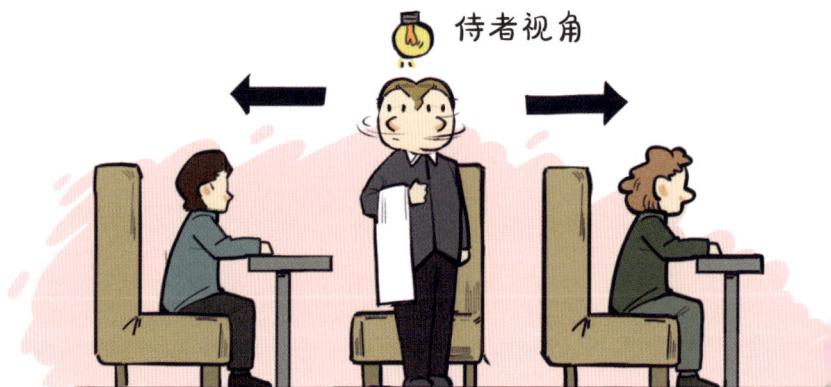

侍者视角

如果我们**站在地面上看**，结果又会怎样呢？

在地面上看，两束光的速度也是一样的。火车向右行驶，右侧的乘客背对着灯光而去，而左侧的乘客面对着灯光而来。

显然，**左侧的乘客应该更早接收到灯光**。

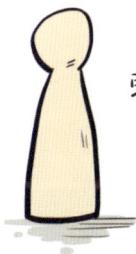

旁观者视角

　　也就是说，如果承认光速是一定的，那么在火车上看是同时发生的事情，在地面上看就不是同时发生的。在某一个参考系下看是同时发生的事情，在另外一个参考系下看就不是同时发生的。由此，可以得出：

时间是根据参考系变化的！

　　"同时"具有相对性！宇宙中不存在一个绝对的、恒定均匀流逝的时间。

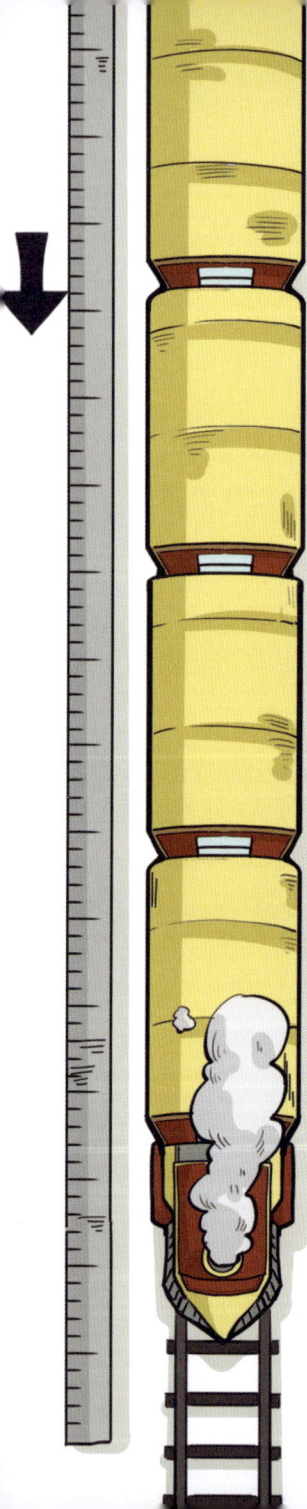

既然时间是有相对性的，那么空间呢？

如果用一把超大的尺子去量一列正在行驶的火车的长度，该怎么量？显然，只要拉直尺子，知道火车头尾的刻度，就可以算出这列火车的长度了。

需要注意的是：除非这把尺子是跟着火车一起跑的，否则就必须在同一个时刻测量车头和车尾的刻度。如果前一秒量车头，火车一动，后一秒再量车尾，结果就不准了。

呜——
呜——

呜——
呜——

既然需要"同时"去测量车头和车尾，这就回到了刚才的问题——"同时"是相对的，在不同参考系下时间是不一样的。

那么，在不同参考系下，你所测量的火车长度是不是就不一样了？

这样一来，我们就得出空间也具有相对性。

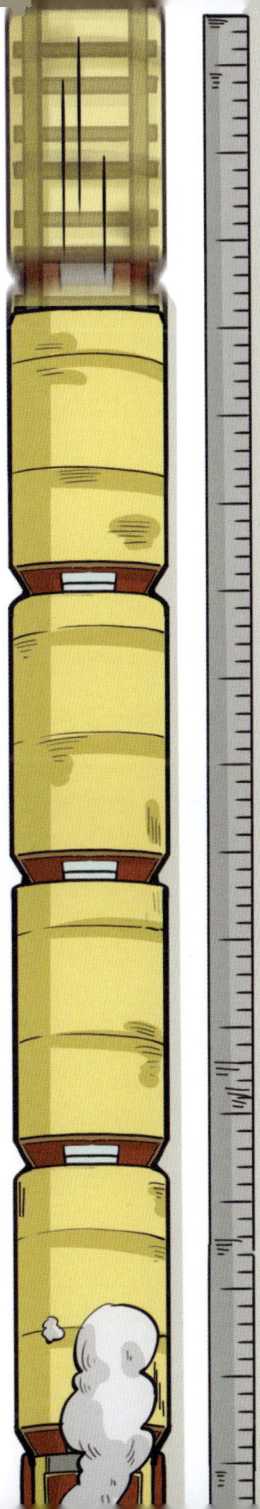

既然时间和空间都具有相对性，那在不同参考系下，时间和空间究竟有什么不一样？

这时爱因斯坦说，既然光速被认为在所有参考系下都是一样的，那我们干脆就**假设所有的物理规律在所有的惯性参考系下都是一样的**。[*]

这就是爱因斯坦提出的另一个假设——狭义相对性原理。

谁在动？

举例来说，如果在空旷无垠的宇宙中有两名宇航员正在彼此远离，那么你无法判断到底是哪名宇航员在运动，因为绝对空间原本就不存在，你说谁在运动都可以。

---

[*] 有关参考系和惯性参考系的定义后文会提到。

根据光速不变原理和狭义相对性原理这两个假设，爱因斯坦推导出了不同参考系下时间和空间的变化规律，这就是著名的洛伦兹变换。之所以叫洛伦兹变换，是因为这个变换最早是由洛伦兹提出的。洛伦兹认为，**物体一旦运动起来，其长度在运动方向上就会收缩**。

　　洛伦兹口中的收缩是物体在绝对空间中的实际收缩；爱因斯坦则说，这种收缩并不是物体在时空中的实际收缩，而是观察者在时空中的角度不一样所造成的。

轰

加速

　　这就是狭义相对论的核心内容：**绝对的不是空间和时间，而是真空中的光速**。无论在什么参考系中，真空中的光速都恒定不变。时间和空间都与运动有关，是变化的。绝对时空并不存在。

狭义相对论可以解释很多有趣的现象。

　　比如在经典科普书《物理世界奇遇记》中，主人公汤普金斯来到一个光速非常慢的小镇。他发现自己骑车的时候，周围静止的人都横向缩短了；如果自己站着不动，周围骑车的人则横向缩短了。

　　也就是说，如果我跑起来，整个宇宙中的每一个星系、每一个星球、每一个生命、每一个原子，它们的长度都会收缩。而如果我停下来，一切又会恢复原状，就好像什么都没有发生过。而且这一切变化都仅仅针对我这名观察者而言，如果换一名观察者，观察到的情况又会不一样。

　　你或许会疑惑，一旦我运动起来，整个宇宙的时空就都会发生变化；我一停下，时空又会恢复如初，**难道我有这么大的能量能够改变宇宙？难道我就是整个宇宙的中心？**

要想解释这件事，我们必须使用闵可夫斯基四维时空的概念（闵可夫斯基就是那位斥责爱因斯坦是一条"懒狗"的数学老师）。

在 1908 年的一次演讲中，闵可夫斯基说，我们生活的空间是三维的，同时，时间也在一分一秒地流逝。如果把三维的空间当作横坐标，把一维的时间当作纵坐标，则构成了闵可夫斯基四维时空。

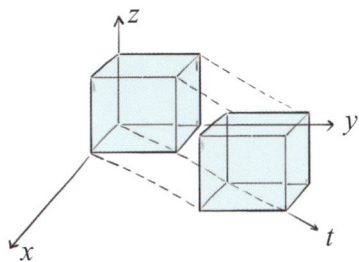

三维空间坐标系加入时间轴

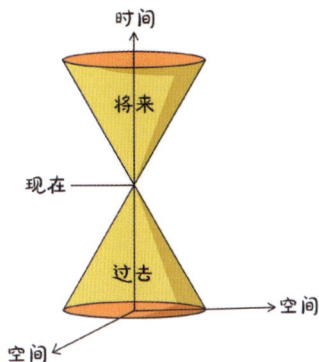

闵可夫斯基四维时空坐标系

我们利用四维时空的概念就可以解释清楚，为什么时空会随观察者角度的变化而变化。伽莫夫的著作《从一到无穷大》中有一个例子：

上午9:21，纽约一家银行被打劫（事件A）；9:36，一架飞机撞上了帝国大厦（事件B）。

为方便起见，我们假设两起事件发生在同一条马路上，银行距离我们10个街口，帝国大厦距离我们20个街口。

这样一来，在我们看来，**两起事件的空间间隔是10个街口，时间间隔是15分钟。**

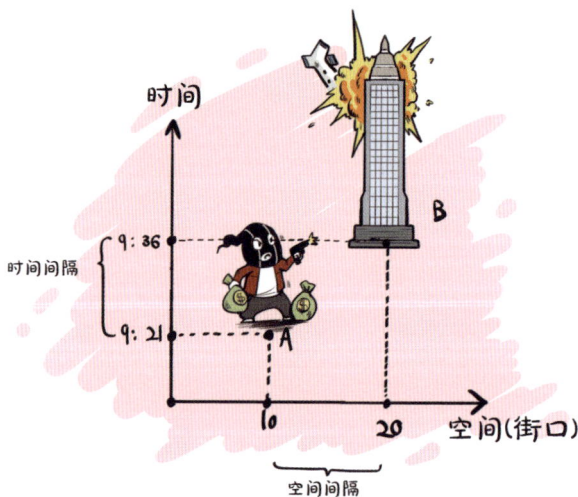

假如现在的时间是 9 点整，我们坐上汽车，朝着帝国大厦的方向匀速运动，速度是每 3 分钟一个街口。

在 9:21 时，汽车已经驶过 7 个街口，由于银行在第 10 个街口，所以汽车上的我们会认为抢劫银行这件事发生在距离我们 3 个街口的地方；9:36 时，汽车已经驶过了 12 个街口，帝国大厦在第 20 个街口，所以我们会认为飞机撞大楼这件事发生在距离我们 8 个街口的地方。

在汽车的参考系下，**两起事件的空间间隔已经不是 10 个路口了，而是 5（8 - 3 = 5）个路口。** 这就是空间的相对性。

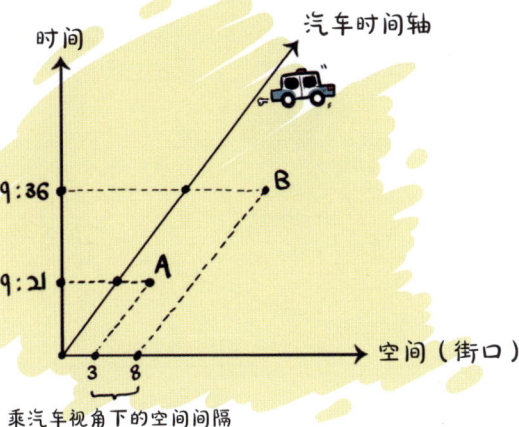

乘汽车视角下的空间间隔

49

不过，如果这样去画图，我们就会看到虽然空间间隔确实缩短了，但是时间没有变，依然是 15 分钟。

你们上了大学之后可能会学到，如果时间轴发生了旋转，那么它的空间轴会随之反方向旋转。往新的空间轴上做投影，你就会发现**事件 A、事件 B 发生的时间间隔也不再是 15 分钟了。**

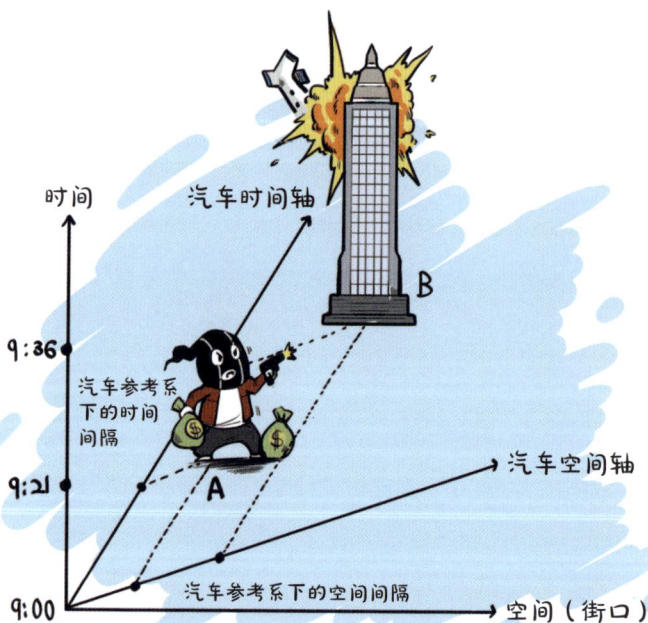

两起事件发生的时间和空间其实没有任何变化，只是因为在观察的时候，我们自己的坐标系发生了变化，才觉得时间间隔和空间间隔都变了。

　　也就是说，我们没有办法影响世界，**世界依然是客观存在的，只因我们看问题的角度发生了变化**，才觉得时间和空间都跟以前不一样。

这个是圆形。

不对，是长方形。

广义相对论

引力与加速度的等效性

爱因斯坦提出狭义相对论之后，很多科学家提出了质疑：

它到底是不是正确的？

惯性参考系

可是他们都没有找到狭义相对论中的问题。这个问题还是在十年之后的 1915 年由爱因斯坦本人发现的。

狭义相对论究竟存在什么问题？

狭义相对论中有两条基本原理：狭义相对性原理和光速不变原理。狭义相对性原理是说，在所有的惯性参考系中，所有的物理规律都是一样的。

问题出现了！

什么是惯性参考系？

你可能会听到这样一种说法：地球接近于一个惯性系，太阳比地球更接近于惯性系，银河系的中心又比太阳更接近于惯性系。但是这种说法并没有回答究竟什么是惯性参考系。

另外一种说法是：惯性参考系是静止或者匀速直线运动的参考系。但是，相对于谁静止或匀速运动呢？这就逼迫我们承认，宇宙中存在一个绝对的静止惯性系。你看，这就又回到了牛顿的绝对时空观了。

还有一种说法认为，惯性系就是满足牛顿第一定律的参考系。也就是说，如果在一个参

银河

考系里，一个不受力的物体总保持静止或匀速直线运动，那这个参考系就是惯性参考系。可是，我们无法找到一个不受力的物体，因为万有引力是无法屏蔽的。

　　这样一来，爱因斯坦发现，其实**根本没有办法找到惯性系**。如果找不到惯性系，就没有办法把狭义相对论建立在一个坚实的基础之上，整个狭义相对论都有可能被推翻。

地球

太阳

既然没有办法找到惯性系，那为什么不大胆一点，直接假设在所有的参考系下，物理规律都是完全一样的？

就这样，爱因斯坦拓展了原先的狭义相对性原理，将其变成广义相对性原理：

狭义相对性原理：

所有惯性系下物理规律都相同。

广义相对性原理:

所有参考系下物理规律都相同。

说到这里, 也许有人就不同意了。

在一列匀速运动的火车上, 我们会感觉非常平稳; 但如果在加速运动的火车上, 我们就会感觉站不稳。既然如此, 怎么能把两列火车视为同样的环境呢?

这就涉及一个关键要点——**引力与加速度的等效性**。

有一天，爱因斯坦坐在自己的办公室里思考引力的问题，猛然想到一件事情：如果一个人从高处下落，他会有什么感觉？[*]

显然，他会感觉自己飘起来了，似乎完全不受引力影响。如果用牛顿定律来解释，这叫完全失重。如果此时这个人闭上了眼睛，忽略周围空气的阻力，他似乎也没有办法区分自己到底是正在受到引力的作用而下落，还是正飘浮在茫茫宇宙中。

---

[*] 爱因斯坦关于引力与加速度等效的思考均为思想实验，即通过逻辑推论在头脑中实施的实验活动，切勿在现实中模仿。

试想有一个人在电梯里，他能感受到电梯的地板对自己有一个支持的作用力。这种支持力有可能是什么造成的？

　　一种可能是这部电梯处于地球上，这个人受到了向下的引力，所以他会感受到地板给了他一个支持力。

　　另一种可能是他没有在任何引力场中，但是电梯有一个向上的加速度，这时他也会感受到地板对他有一个作用力。

爱因斯坦问，你能区分这两种可能吗？

显然不能。

既然如此，一个向上的加速度不就与向下的引力是等效的吗？

1907 年，爱因斯坦提出了等效原理。根据这个原理，我们对惯性的理解可能会发生变化。

如果有一个物体在地面上，另一个物体在不考虑空气阻力的情况下自由落体，请问这两个物体中哪一个处于惯性状态呢？

加速度

引力

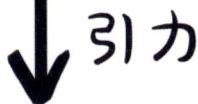

　　如果按照牛顿的理解，那肯定是在地面上的物体，因为它相对于地面静止不动。

　　可爱因斯坦说，引力和加速度是等效的，如果一个物体受到了引力的作用，可以视为它有一个反向加速度；如果一个物体有一个加速度，可以视为它受到一个反向引力的作用。

那个在地面上的物体受到了一个向上的支持力，同时也受到了地球的引力，把引力等效成一个向上的加速度后，就可以认为它在地面的支持力作用下正在向上加速运动。

因此，它不处于惯性状态。

引力 $=$ 加速度

支持力

引力

加速度 = 引力

　　而那个自由落体的物体受到了地球的引力，同时它有一个向下的加速度，这等效于受到一个向上的引力，两个引力会抵消，相当于他没有受力。

　　这样一来，自由落体的物体才处于真正的惯性状态。

　　爱因斯坦修改了牛顿对于惯性系的定义。

　　总而言之，按照广义相对论，我们看待世界的方式和牛顿对世界的解释不同，因为两者的基本假设是不同的。

时空弯曲

借助等效原理，我们就可以理解时空弯曲是怎么回事。

如果在一个平面上画一个圆，这个圆的半径是 r，周长是 c，那 c 除以 r 就等于 2π，大约是 6.28。

假如这个圆正在旋转，会出现什么现象呢？

$$c \div r = 2\pi \qquad c \div r < 2\pi$$

根据狭义相对论的内容我们知道，**在旋转的过程中，圆周因为顺着旋转的方向运动，所以长度会缩短**，就像汤普金斯在小镇上看到的横向缩短的人那样。而半径的方向是垂直于运动方向的。因此，半径是不变的。

这样一来，c 除以 r 就小于 2π，也可以认为是周长与直径的比值 π 变小了。

什么时候 π 会变呢？在欧氏几何中，π 是固定的。但如果在一个球面上画一个圆形，你会发现圆形的周长与半径的比值跟圆形的大小有关。圆形面积越大，这个比值就越小。当圆形面积足够大时，这个比值甚至可以为零。

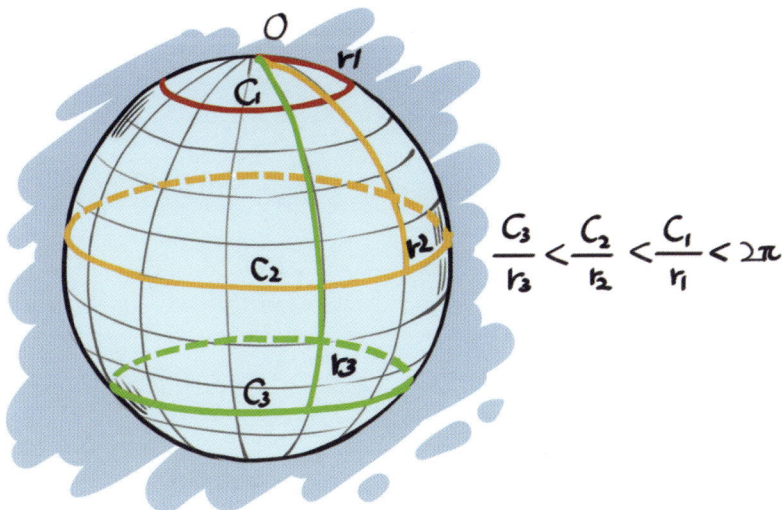

$$\frac{C_3}{r_3} < \frac{C_2}{r_2} < \frac{C_1}{r_1} < 2\pi$$

曲面上的圆周率 π 的确可以变化。如果一个随着圆盘一起旋转的观察者想研究几何学，他必须使用曲面上的几何学体系。

我们站在地面上看，与圆盘一起旋转的观察者存在向心的加速度。观察者自己则只会感受到一种向外的力量，但是他无法区分这种力量是离心力还是引力，因为根据等效原理，旋转物体存在向心加速度等效于受到一个离心方向的引力。

根据我们刚才的讨论，观察者可能会做出这种判断：

我所处的空间不同于欧氏几何定义的空间，因为我处于引力场中。

这就是爱因斯坦想到的：

在存在物质的空间中，物质的引力造成了空间的弯曲，这种弯曲必须使用曲面的几何学来描述。

爱因斯坦还曾说，假如我们的宇宙是平直的，那么它的空间可以无限拓展。如果它是弯曲的，它也可以是一个没有边界而体积有限的空间，就像地球一样。

1922年，爱因斯坦12岁的儿子爱德华问他："爸爸，你到底为什么这样出名？"

　　爱因斯坦笑了起来，然后严肃地解释说：

　　"一只瞎眼甲虫在弯曲的树枝表面爬行，它没有发现它爬过的路径是弯的，但我幸运地注意到了甲虫没有注意到的东西。"*

* 摘自《爱因斯坦传》，【美】沃尔特·艾萨克森著，张卜天译，湖南科学技术出版社，2014年出版。

　　刚才我们说到了空间的弯曲，实际上，**引力造成的弯曲并不是三维空间的弯曲，而是四维时空的弯曲**。

　　我们仍然可以从圆盘这个例子切入。如果观察者在圆盘的中心和边缘各放了一个时钟，我们站在地面上观察，会发现中央的时钟没有运动，所以走时正常；圆盘边缘的时钟由于高速运动，走时变慢。

　　一段时间之后，圆盘中央的时钟的示数会明显快于边缘处的时钟的示数。

在圆盘上的观察者看来，两个时钟都是静止的，而且走时准确。那为什么圆盘中央的时钟走时快，边缘处的时钟走时慢？

观察者又会想到，这是因为整个圆盘处于一个离心方向的引力场中，越靠近边缘，引力越大，引力势*越低。因此，爱因斯坦又得出一个结论：

引力势越低的地方，时间流逝速度越慢。

---

* 引力势是描述引力场中某点引力能量状态的物理量。把单位质量的物体从某点移动到无穷远点，引力做的功越多，该点的引力势越高。

同理，我们就可以理解电影《星际穿越》中这样一个场景：

几名宇航员到一个靠近黑洞的星球上去探险，另外一名宇航员留在远处的航天器上接应。

这是一个向心方向的引力场，在靠近黑洞的星球上引力特别大，引力势特别低，时间过得很慢，而接应的宇航员所在的地方，时间流逝得很快。虽然几名宇航员在那个星球上只待了几个小时，但当他们回到航天器的时候，接应的宇航员已经独自度过了20多年。

你也许看过这样一张图：在太阳周围是一片弯曲的时空，地球在太阳造成的弯曲时空上运动。这张图也非常形象地展示了爱因斯坦的观点。

星球质量越大，时空弯曲就越厉害。当星球的质量足够大时，时空弯曲会使光都无法逃脱，这样就形成了黑洞。

太阳　　　中子星　　　黑洞

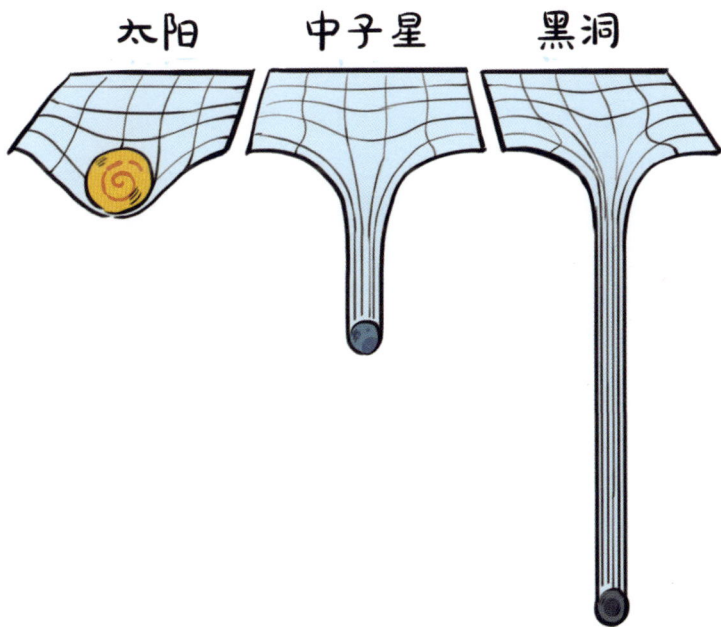

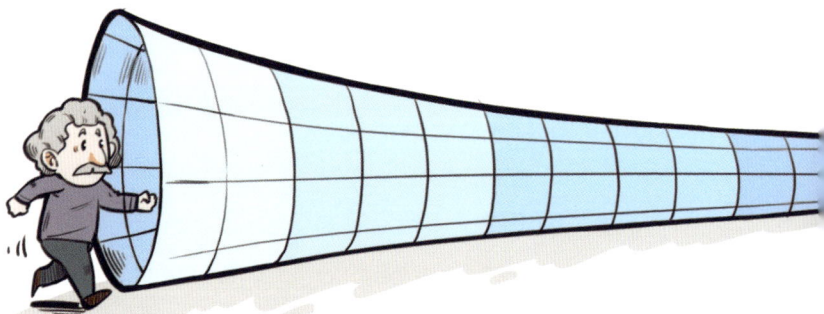

理解了引力等效于时空弯曲后，我们对宇宙中物体的运动就有了一种全新的认识。现在我们要回答一个问题：

在一个弯曲的时空中，物体是如何运动的？

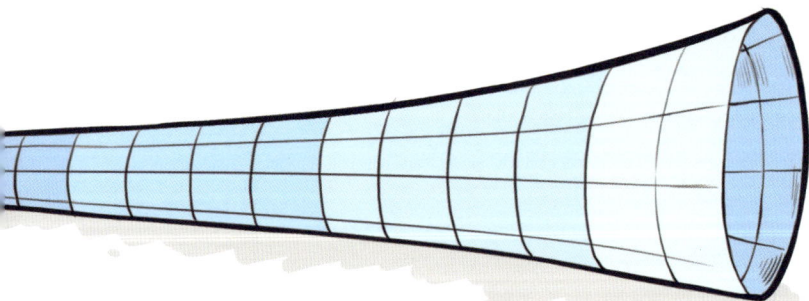

回答这个问题之前，我们需要先了解一个概念——测地线。

在平面上画一条直线很容易，那在弯曲的面上（比如球面上）该怎样画出"直线"呢？

如果我们想在平面上寻找两点之间的直线，可以先在两个点的位置分别挖个洞，再找来一根软绳，把绳子的两端分别穿过洞口，然后慢慢拉直绳子。

当绳子绷直的时候，它经过的空间位置就形成一条直线。这是因为一个简单的道理：两点之间线段最短。

球面上的直线也应该定义为两点之间的最短路线。你可以在球面上确定两个点，在两点间放一条绳子并将它拉紧，绳子经过的位置就是两点间的最短路径，我们叫它测地线，就是曲面上的直线。

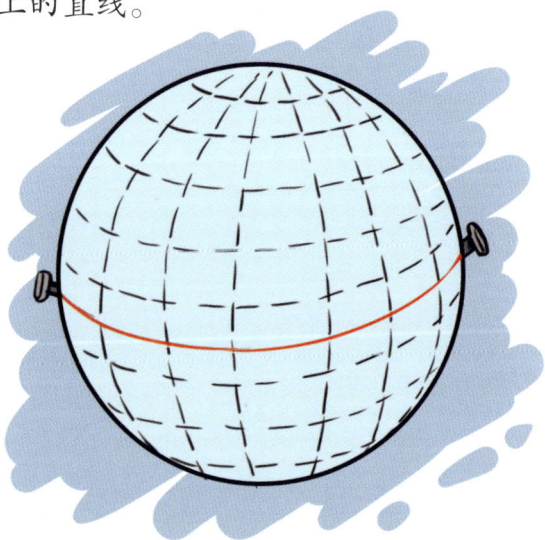

　　在此基础上，爱因斯坦提出了一个大胆的想法：当物体只受引力作用时，它将沿着四维空间的测地线运动。就像光滑平面上的运动小球，在不受外力作用的情况下，它会沿直线运动。只不过，平面上的直线一定是最短路径，而四维时空的测地线既有可能是最短路径，也有可能是最长路径。

总而言之，**物质造成了时空的弯曲，而时空的弯曲又可以让物体沿着测地线运动**，这就是爱因斯坦对引力的理解。

在 1915 年的时候，爱因斯坦发表了一篇论文，提出了广义相对论，还有著名的引力场方程，这是一个复杂的张量方程组，描述了物质是如何影响周围的时空从而产生弯曲的，也是爱因斯坦广义相对论的核心。

只要给定一种质量分布，我们就能通过这个方程求解出时空的弯曲情况，再根据这个时空弯曲的情况，计算出物体是怎么运动的。

艰难的过程

爱因斯坦提出广义相对论的过程非常艰辛。

一开始，他发现自己可能需要用到弯曲平面的几何学体系，却不知道如何使用为好。他的朋友格罗斯曼把研究黎曼几何的专家希尔伯特介绍给了他。

在与爱因斯坦讨论问题的过程中，希尔伯特也产生了广义相对论的想法，并且发表论文的时间比爱因斯坦还早五天。不过，希尔伯特在这篇论文里没有写出明确的引力场方程，所以错失了提出广义相对论的机会。

在爱因斯坦发表了自己的那篇论文之后，希尔伯特还特意写信恭喜爱因斯坦："你看，我们的理论发表了。"

爱因斯坦赶紧说："这是我的理论！"

希尔伯特非常大度，没有跟爱因斯坦争夺这份功劳。

广义相对论是人类纯智力活动的极高成就。爱因斯坦曾经非常自豪地说："如果我没有提出狭义相对论，那不出五年就会有人提出来。但是如果我没有提出广义相对论，五十年之内也不会有人提出它。"

实验验证了广义相对论

爱因斯坦提出了广义相对论。但这个理论到底是不是正确的，还需要通过实验去检验。

水星进动

验证广义相对论的第一个实验证据是对水星近日点进动现象的解释。

我们知道，牛顿定律和万有引力定律可以解释行星运动的椭圆轨道。然而，由于行星之间相互作用的影响，水星的轨道并不是标准的椭圆，而是会出现进动现象——轨道的长轴会随着时间慢慢旋转。

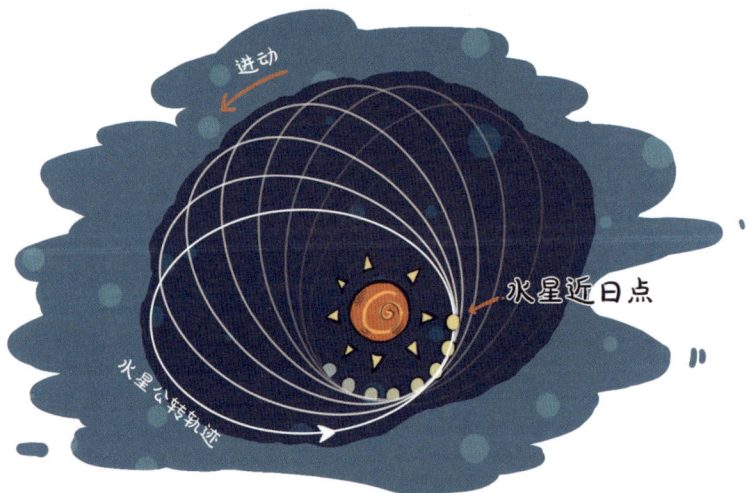

这个进动的过程非常缓慢。有多缓慢呢？100年也只有5600角秒（大约1.5°）。

科学家们非常较真儿，非得弄明白这个误差是怎么出现的。根据牛顿定律进行计算，科学家们可以解释其中的5557角秒，剩下的43角秒怎么也解释不了。这个问题就一直悬而未决。

最终，爱因斯坦解释了这43角秒，他说这是缘于太阳造成了周围时空的弯曲。爱因斯坦发现自己可以解释水星的进动现象之后非常激动，他写信给朋友说："你知道我有多高兴吗？我激动得几个星期睡不着觉。"

弯曲的光

　　另一个验证广义相对论的实验是由爱丁顿完成的，爱丁顿就是我们在本书开始时提到的那位天体物理学家。爱因斯坦曾经设想过这样一个情景：

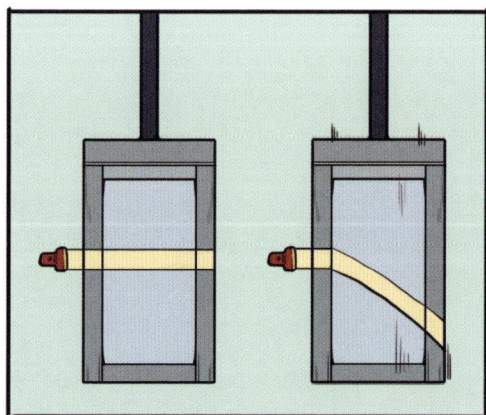

　　假如有一部电梯，当电梯静止时，一束光射进电梯之后会从一侧水平地射向另一侧。当这部电梯具有向上的加速度时，光线会往下偏折。

　　但别忘了，加速度是等效于引力的。假如没有加速度，这部电梯只是在一个很强的引力场中，光线是不是也会偏折呢？

不过，地球的引力还不够大。科学家们得出结论，即使一束光在地面上射出 3000 千米，引力造成的光线偏折也只有 0.5 毫米，所以爱因斯坦电梯实验无法在地面上完成。

太阳的引力远远大于地球的引力，如果我们研究经过太阳附近的光线，光线的偏折就能达到可以观测的程度。

其实，在爱因斯坦之前，有人就根据牛顿定律计算出光线经过太阳附近时会发生偏折，只是这样计算出的结果与爱因斯坦的不同。牛顿和爱因斯坦谁对谁错，只有实验能给出答案。

就这样，历史上两位最伟大的物理学家跨越近 200 年的对决开始了！

　　实验方法是：先测量两颗恒星之间的夹角，然后找到太阳刚好位于两颗恒星中间的时刻。如果太阳的引力真的让恒星发出的光线发生了偏折，那么此时我们观测到两颗恒星的夹角应该与没有太阳时的有所差别。

　　由于阳光过于耀眼，这个实验只能在日全食的时候做。1919 年 5 月 29 日，英国天体物理学家爱丁顿带领观测队在西非普林西比岛观测了日全食，并拍摄了日全食时太阳附近的恒星位置。

结果发现，在有太阳和没有太阳时，两颗恒星的夹角相差 1.61 角秒，误差在 0.3 角秒以内。

根据牛顿定律计算，星光夹角应该是 0.875 角秒，而根据广义相对论计算，这个结果是 1.75 角秒。

实验结果支持了爱因斯坦的理论！**这证明了，大质量的天体的引力的确可以让光线发生偏折，也证明了广义相对论的正确性。**一时间，报纸竞相报道，爱因斯坦再一次名震天下。

有人去采访爱因斯坦时问道："如今您的理论得到证实，证明您是正确的，而牛顿的是不对的。对此，您有什么看法吗？"

　　爱因斯坦说："我从来没有想过有其他可能。"

　　这人又问："万一实验结果不支持您的理论，您会怎么想呢？"

　　爱因斯坦说："那我会为上帝感到遗憾。不管怎么样，我的理论总还是对的。"

　　你看，爱因斯坦就是这么自信。

引力红移

验证广义相对论的第三个实验证据是引力红移现象。

广义相对论告诉我们：在引力势低的地方，时间会变慢。如果大质量的恒星发光，那么光从引力势很低的恒星表面到达地球时，频率就会降低，发生红移。

如果在地球上向上发射一道光，那么在这个光线远离地球的过程中，频率也会降低，发生红移。或者，你也可以理解成，光线从弯曲的空间中钻出来需要消耗一定的能量，所以频率降低了。

爱因斯坦撰写《狭义与广义相对论浅说》的时候，尚没有人通过实验验证引力红移现象，他只是预言了这个实验是可以做的。直到1959年，庞德和雷布卡两位科学家才在美国哈佛大学完成了这个实验。他们在一座高塔的上下两端做了这个实验，实验结果和爱因斯坦预测的一模一样。遗憾的是，这个时候爱因斯坦已经去世4年了。

在爱因斯坦提出广义相对论之后的100多年里，人们又做了许许多多的实验来验证广义相对论。

引力波

例如，一个星球质量足够大、半径足够小，就会成为一个黑洞。当两个大质量天体围绕彼此旋转时，周围的引力场就会像波一样扩散，这就是引力波。这些都是根据广义相对论得出的推论。**今天，人们已经找到了黑洞和引力波，一次又一次证明了爱因斯坦是对的。**

对于爱因斯坦，庞加莱曾经这样评价：一个年轻人在很多方面都有自己的想法，我们不能指望这些想法都是对的，只要他在某个方面有所突破，那就够了。

然而庞加莱的评价过于保守了。

在狭义相对论、广义相对论、激光原子物理等开拓性领域，爱因斯坦都提出了正确的理论。至少，它们至今都还未被推翻。

如果大家去读《狭义与广义相对论浅说》，就会发现它比我讲的精彩太多了。你会觉得自己不是在读一本物理学著作，而是在读一本逻辑学或者哲学方面的著作。爱因斯坦会教你怎样去看待世界，而且他不会强迫你接受他的观点，而是循循善诱，引人深思。

　　因此，我把《狭义与广义相对论浅说》推荐给每一名科学爱好者，也推荐给每一位喜欢思考的朋友。

最后，我想引用爱因斯坦的话，作为给你们的祝福。在 1955 年爱因斯坦去世之前，美国《生活》杂志的记者威廉·米勒带着自己的儿子去采访爱因斯坦。米勒的儿子向爱因斯坦请教年轻人应该怎样生活。

爱因斯坦回答说：

"不要努力做一个成功的人，而要努力做一个有价值的人。……成功的人会收获很多，而有价值的人会给予他人更多。"

狭义与广义相对论浅说

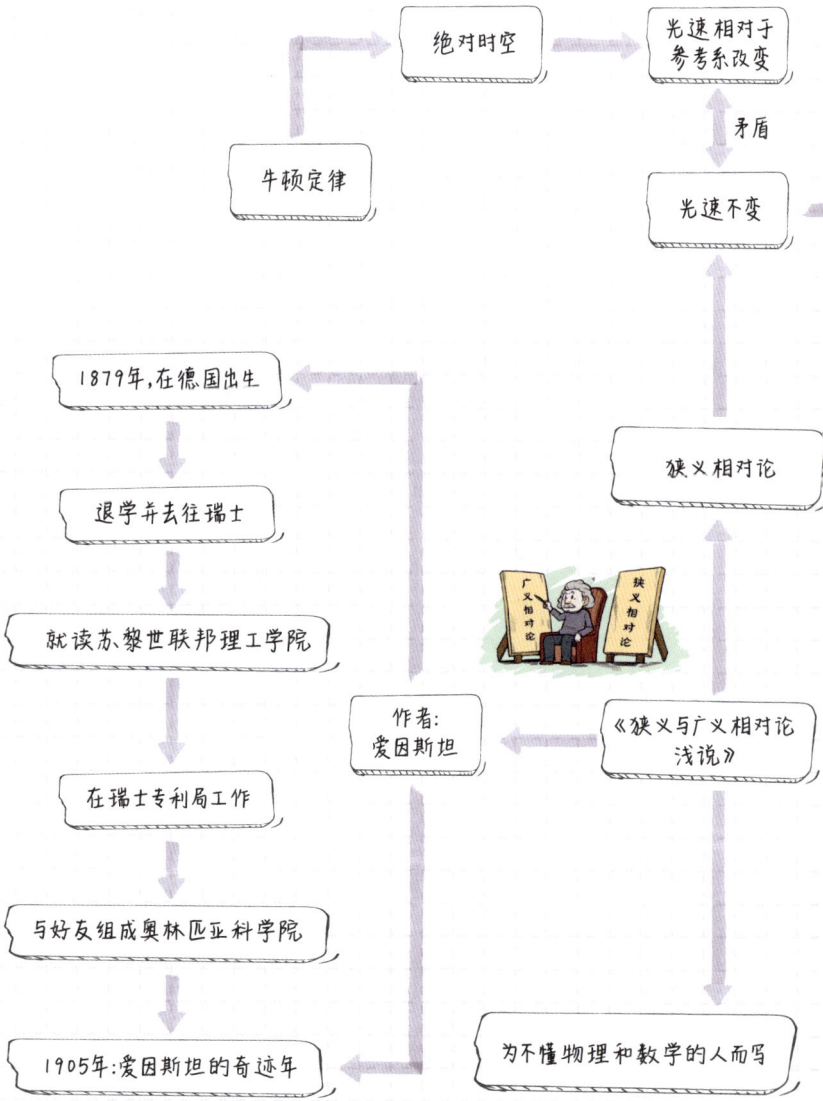

绝对时空 → 光速相对于参考系改变

牛顿定律

光速不变

矛盾

1879年,在德国出生

退学并去往瑞士

就读苏黎世联邦理工学院

狭义相对论

作者：爱因斯坦

在瑞士专利局工作

《狭义与广义相对论浅说》

与好友组成奥林匹亚科学院

1905年：爱因斯坦的奇迹年

为不懂物理和数学的人而写

时间具有相对性

空间具有相对性

所有惯性参考系下的物理规律相同

拓展

所有参考系下物理规律相同

广义相对论

引力和加速度等效

引力造成时空弯曲

实验证明

水星进动

光线弯曲

引力红移

领读者书系：
科学经典篇
（第一辑）